孩子眼中的二十四节气

「亲近自然」名家原创儿童文学丛书

谭旭东 主编

林乃聪 著

黑龙江少年儿童出版社

图书在版编目（ＣＩＰ）数据

孩子眼中的二十四节气 / 林乃聪著. -- 哈尔滨 ：
黑龙江少年儿童出版社，2018.10（2023.1重印）
（"亲近自然"名家原创儿童文学丛书 / 谭旭东主
编）
　ISBN 978-7-5319-5988-5

　Ⅰ. ①孩… Ⅱ. ①林… Ⅲ. ①二十四节气－少儿读物
Ⅳ. ①P462-49

中国版本图书馆CIP数据核字(2018)第229799号

孩子眼中的二十四节气

Haizi Yanzhong de Ershisi Jieqi

林乃聪　著

出 版 人：	张　磊
统筹策划：	李春琦
责任编辑：	李春琦　李　昶
封面设计：	李梦莹
内文插图：	李梦莹
内文制作：	文思天纵
责任印制：	李　妍　王　刚
出版发行：	黑龙江少年儿童出版社
	（黑龙江省哈尔滨市南岗区宣庆小区8号楼150090）
网　　址：	www.1sbook.com.cn
经　　销：	全国新华书店
印　　装：	北京一鑫印务有限责任公司
开　　本：	787mm×1092mm　1/12
印　　张：	4.5
书　　号：	ISBN 978-7-5319-5988-5
版　　次：	2018年10月第1版
印　　次：	2023年1月第2次印刷
定　　价：	38.00元

目录

用诗表现世界的丰富

谭旭东

近两年，市面上出现了不少关于二十四节气的童书，有的是绘本，有的是科普读物，有的是散文集，但还没有以二十四节气为题材的童诗集。

我一直写童诗，出版了多部作品集，而且我在北京、广州、深圳、洛阳和嘉兴等地的小学做语文教育指导时，也发现孩子们其实很喜爱读诗，也爱写诗。

我喜欢那些优美、有想象力、有灵动思想的文字，于是就萌发了写一本适合孩子读的关于二十四节气的童诗集的想法。我把这一想法告诉了黑龙江少年儿童出版社的李春琦老师，她很支持，而且希望我主编一套关于二十四节气的童书。

这套二十四节气儿童诗由耿立、林乃聪、海媖和我四个人共同创作。耿立是一位著名散文家，也是大学教授，会讲作文，既有理论素养，又有创作能力；既写散文随笔，又写诗，是难得的优秀诗人。林乃聪是一位语文教研员，也是多年在一线从事儿童诗教的诗人，出版了多部儿童诗集，是优秀诗人兼资深诗教专家。海媖是一位诗人，还是一位童话作家，她对儿童阅读和语文教育有自己的理解，出版了多部作品集。而我本人也在大学任教，从事童诗创作和语文教育指导工作多年。并且，值得一提的是，我还是北师大中国儿童阅读提升计划项目首席专家，而耿立、海媖和林乃聪都是这个项目的专家。因此，这套诗集的作者，我不谦虚地说，都是很棒的。抛开作者因素，单从作品本身来说，这套诗集也是用心之作。我们的写作非常认真、严肃，不是那种为了完成某个社会主题或自然素材的"任务"的被动写作，而是因为喜爱孩子，内心保持着儿童的天真，在童心的驱使下的主动写作。所以这套关于二十四节气的"'亲近自然'名家原创儿童文学丛书"，无疑有着满满的童心，有着对孩子满满的爱。

这套关于二十四节气的儿童诗集"'亲近自然'名家原创儿童文学丛书"，是我们与黑龙江少年儿童出版社的诗意合作，诗心碰撞。这四本诗集展示了世界的丰富，世界的美，读者可以感受到自然之美、之趣，也可以感受到生活之美、之趣，还可以感受到人生之美、之趣。好的诗，不是简单的玩儿几个意象，而是要有深度，有个性，有风格，有独特的气质。好的儿童诗，不但要有意向美，还要有趣味美、意境美和思想美，更要有童心之美。

希望读者喜欢这套二十四节气儿童诗集！

2018 年盛夏初稿于上海大学
定稿于北京寓所

立春

立春来了
冬还舍不得走
说
河水还冰凉呢
可鸭子嘎嘎游个畅快

立春来了
冬还在耍赖皮
说
风还冷飕飕呢
太阳马上把温度调高

立春来了
冬还不愿意走
说
大地被雪覆盖着呢
可蜡梅咯咯笑开了花

立春来了
家人围桌而坐
吃着春饼、春卷、萝卜
迎接春天的到来

知识点链接

　　立春与立夏、立秋、立冬一样，都是反映四季更替的节气。"立"是"开始"的意思，从立春当日一直到立夏前这段时间，被称为春天。立春要吃特定的食品，主要是春饼、萝卜、五辛盘等，在南方则流行吃春卷，街面儿上有不少叫卖春卷的小贩。

雨水

立春下来还没有多少天
"雨水"自己就待不住了
寻着春的脚步声
在人间一听到
"天街小雨润如酥
斜风细雨不须归
渭城朝雨浥轻尘……"
这些关于自己的诗句时
情绪就有点儿小激动
甚至忘记了回家

如果
你听到那屋檐下的滴答声
树叶上的沙沙声
湖面上的噼噼啪啪声
那全都是雨水自己不停地朗诵
关于"雨水"时节诗句的声音

4

知识点链接

　　雨水的含义是降雨开始，雨量渐增。在我国南方大部分地区，这段时间平均气温多在10℃以上，桃李含苞，樱桃花开，确已进入气候上的春天。除了个别年份外，霜期至此也告终止。嫁接果木，植树造林，正是时候。

惊蛰

冬眠的动物们

早早地把天空这个大闹钟的发条

拨到"惊蛰"时节

等响雷一叫早

最先醒来的肯定是

蜗牛和蚂蚁两个发小儿

行动有点迟缓的他们

去年就相约好

今年的百家宴

再也不能迟到

知识点链接

　　由于我国南北跨度大，南方和北方春雷始鸣的时间迟早不一。云南地区在一月底前后即可闻雷。惊蛰节气，蛇、乌龟、蜗牛、青蛙等冬眠的动物开始苏醒并出来活动，这一时节在我国南方可以种植茄子、黄瓜、西红柿、生菜、豆角等蔬菜。

春分

草长莺飞、油菜花香的春天
大家都想到了"分享"
可无论拆掉春天哪一笔
都不是"春"字了
就算每人分到油菜花一朵
可没了整片整片的油菜花
总感觉春天缺少了很多

后来自然界把春季分成
上半个时节和下半个时节
还把"春分"这天昼夜长短平分
现在大家又在一起
共享整个明媚春光

知识点链接

　　春分时节，我国南方大部分地区气温继续上升，各地杨柳青青、莺飞草长、小麦拔节、油菜花香，都进入明媚的春天。春分也是植树造林的极好时机。在火热的农忙季节，要继续用我们的双手去绿化祖国的山河，美化我们的环境。

清明

有小孩儿闯祸了、挨打了
哭声
把一个老人的脚步
由三步并作两步
然后护着、喊着
小孩子不懂事，再原谅一次

每每看到此情此景
奶奶，我就想起你来啦
你擦干我的眼泪
还变魔术似的
每次都能从裤兜里摸出
让我破涕为笑的柿子饼

这个清明
依旧把你的坟头打扫干净
插上鲜花
摆上你喜爱的柿子饼
告知你的曾孙听话、聪明
希望你在地下安心长眠

知识点链接

　　清明时节，在浙江南部各地，人们采摘田野里的棉菜（又称鼠曲草，中草药书上称"佛耳草"，有止咳化痰的作用），拌以糯米粉捣软，再以糖豆沙或白萝卜丝与春笋为馅，制成清明果蒸熟，其色青碧，吃起来格外有味。这种食物也可以用在扫墓时祭奠先人。

谷雨

在我这个时节
俗话说得好
"雨生百谷""种瓜点豆"
想有点儿收获
请抓住春的尾巴
当然
免不了多点儿雨水
我也纳闷儿
一个春季
就有两个带雨的时节
看来春是水做成的
不信
你把春天拧干
过两天又是湿漉漉的

知识点链接

　　春季有雨水和谷雨两个带"雨"字的节气。谷雨时节，江南地区秧苗初插、作物新种，最需要雨水的滋润，恰好中国南方大部分地区这时的雨水都较丰沛，每年的第一场大雨一般都出现在这段时间。充足的降水对水稻栽插和玉米、棉花的苗期生长非常有利。

立夏

当"春"有点儿发霉的时候
季节马上过来更换旗帜
"夏"就立起来了
日头露脸的机会
就越来越多
可雨水天气
不会因此而减少
所以
"夏"字第一横的遮盖
不是代表遮阳帽就是代表雨伞
可能是提醒你
出门在外
要注意防晒

小满

赶上好的节气
作物的籽粒开始灌浆饱满
但还未成熟
只是"小满"
千万不能骄傲哟
甚至自满
这样
同学们会疏远你
老师会批评你

向稻穗学习
越饱满越要低下谦虚的头
这点
值得推广和点赞

在我国南方有"小满大满江河满"的俗语，它反映了这一地区降雨多、雨量大的气候特征。小满正是适宜水稻栽插的季节，宜进行水稻的追肥、耘禾，抓紧晴天进行夏熟作物的收割和晾晒。

芒种

因为我的名字取得一般
关注度少一点也很正常
我绝不会因此发牢骚
名字只是个符号
工作的热情度不减还要升高
告诉大家
芒种芒种，连收带种

这个节气
忙得我很少上 QQ 聊天
更不用说
发微信上朋友圈
但是小朋友来我田野参观
保证你的文章可以多写几篇
而且篇篇精彩不断
因为
只有参与收获和播种的场面
才能有自己的真实体验
和由衷的幸福感

知识点链接

芒种时节，在我国的南方地区，水稻、棉花等农作物生长旺盛，需水量多，适中的降雨对农业生长十分有利。芒种至夏至这半个月是秋熟作物播种、移栽、苗期管理和全面进入夏收、夏种、夏管的"三夏"大忙高潮。

夏至

你的到来
冰棍跟你一个样
都有点儿小激动
你先露出灿烂的微笑
还没有给出热情的拥抱
它就哗哗地流泪把自己融化掉

一年来一次
无论谁与你碰到
都爱叙旧把话长聊
你为了礼貌
也为了把这项工作干好
今天白天在岗位待得最牢
晚上七点还没有把黑夜叫

知识点链接

　　夏至以后地面受热强烈，空气对流旺盛，午后至傍晚常易形成骤来疾去的雷阵雨，由于降雨范围小，在江南地区常有"夏雨隔田坎"之说。唐代诗人刘禹锡巧妙地借喻这种天气，写出"东边日出西边雨，道是无晴却有晴"的著名诗句。

小暑

我还没有来到人间
只是带来一些小热
学校好像老早就知道
一般都在七月一日之后
就给学生放假
还冠上我们的名字
叫"暑假"
就算我没有异议
但也得征得我"大暑"哥哥的同意呀

　　绿树浓荫，时至小暑。南方地区小暑时平均气温为26℃左右，已是盛夏，颇感炎热，但紧接着就是一年中最热的季节大暑，民间有"小暑大暑，上蒸下煮"之说。小暑正是民间繁忙的时候，种植蔬菜，备足过冬。

23

大暑

"小暑"回家告诉"大暑"哥哥
学校给学生放了两个月的假
并取我们名字中的一个字
叫暑假
同学们超喜欢它
听说
"年"都没有它的粉丝多

当公务员的叔叔阿姨们
对着暑假
只有羡慕、嫉妒、恨

大暑想
只要大家喜欢
自己兄弟俩热一点儿又有何妨

24

　　"禾到大暑日夜黄"，对我国种植双季稻的南方地区来说，随着大暑节气的到来，一年中最紧张、最艰苦、顶烈日战高温的"双抢"战斗已然拉开了序幕。大暑期间，爱在我国沿海地区登陆的台风也理所当然地成为夏季天气舞台上的一个主角。

25

立秋

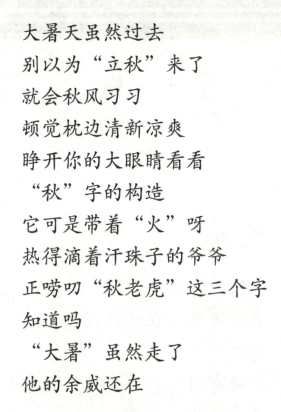

大暑天虽然过去
别以为"立秋"来了
就会秋风习习
顿觉枕边清新凉爽
睁开你的大眼睛看看
"秋"字的构造
它可是带着"火"呀
热得滴着汗珠子的爷爷
正唠叨"秋老虎"这三个字
知道吗
"大暑"虽然走了
他的余威还在

知识点链接

　　"立秋"到了，但这并不意味着秋天的气候已经到来。尤其在我国的南方地区，此节气内还是夏暑之时，同时由于台风雨季渐去，天气更加酷热，因而中国传统医学上将立秋起至秋分前这段日子称之为"长夏"。

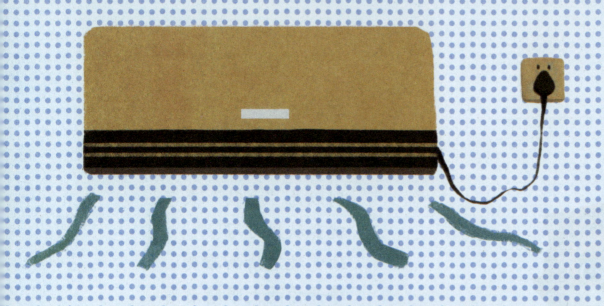

处暑

吃饭就冒汗
有时还要躲在空调房
所以
必须有耐心和"炎热"这个小伙谈谈
再前进就是莽撞
听说
北方已经有冷空气盘旋
你就凭着一股热劲
还没有心理准备抵御风寒

到时感冒了怎么办
听秋姐姐一句劝
让暑气自行消散
温度也要调下来一点点
为了表达我们的诚意
以及你的功劳
在这个时节
我们把你叫作"处暑"
怎么样

知识点链接

　　这一时节，夏季称雄的副热带高压虽说已大步南撤，但绝不肯轻易让出主导权，轻易退到西太平洋的海上。在它控制的南方地区，刚刚感受到一丝秋凉的人们，往往在处暑尾声，会再次感受高温天气的逆袭，这就是名副其实的"秋老虎"。

白露

大家齐心协力把"秋老虎"赶跑
秋这才踏着丝丝凉意款款而来
最激动的要数早起的树叶和小草
瞧
它们都有大颗大颗的泪珠挂在眼角
可是一遇到太阳
它们觉得有点儿害臊
等我跑步回来
就偷偷地把眼泪抹掉
但那高兴的劲儿
我们知道
在秋风里摇头晃脑
是向我们问好

知识点链接

　　这个节气暑气渐消，秋高气爽，玉露生凉，丹桂飘香，是旅游的黄金季节。"白露"正处夏、秋转折关头，冷空气分批南下，往往带来一定范围的降温幅度。"白露身不露"，老、弱、病者要更注意适时增添衣服，以防受凉。

秋分

既然大家叫我"秋分"
那我就站在秋季中间
按照"春分"的惯例
把秋季的九十天各分一半
还让秋分这天
24 小时昼夜等长

今年
我还想再温馨提示一点
从此以后我昼夜温差有点儿变化
告诉你们这些记忆偏差的男孩儿
和容易生病的爷爷奶奶
要注意保暖
我发现感冒这个坏家伙
夜间常常在门外徘徊

　　秋分时节，南方地区气温普遍降至22℃以下，进入了凉爽的秋季。全国绝大部分地区雨季刚刚结束，凉风习习，碧空万里，风和日丽，秋高气爽，丹桂飘香，蟹肥菊黄。秋分是美好宜人的时节，也是农业生产上重要的节气。

寒露

天气转寒
我已穿上秋衣秋裤
而且早上我加强锻炼
感冒都与我无缘
就是有点儿担心太阳这个伙伴
它有喝早茶的习惯
树叶上的露水真的很凉
还没等我在操场跑上几圈

太阳已经把它喝个精光
长久下去
它的胃怎么办
尤其是晚上
胃突然疼起来
会叫爹叫娘
再说
天上又没有儿童医院

这一时节，我国南方大部分地区气温继续下降，秋意渐浓，蝉噤荷残。人们除了赏菊花，还有吃螃蟹、钓鱼的习俗。寒露时节，到户外爬山登高成了各地主要的习俗，恰好重阳节也在这个时候，因而更多的人加入到登高的队伍之中。

霜降

九月
爱在外面游荡的水汽没有穿衣
遇到突然的降温
就哆嗦地躲在溪边、桥间、树叶和泥土上
调皮的冷气
就地把它们变成细微的冰针
以及六角形的霜花

霜降之后
妈妈烧的蔬菜就变得特别鲜甜
肯定天上有家白糖店
店里一个粗心的老奶奶
估计也是眼花
把糖和霜拌在了一起
撒下了人间
正好落在菜叶上面

　　此时气候已渐寒冷，夜晚下霜，晨起寒冷，逐渐有白霜出现。一天中昼夜温差很大，常有冷空气侵袭，而使气温急剧下降。霜降日，南方地区的老百姓会吃柿子和苹果，因为霜打过的柿子很甜，而且吃柿子可以御寒，能补筋骨。

立冬

立"春"下面有个"日"字
这个时节天气开始温暖
立"夏"还把"日"字加一横藏中间
这个时节天气会炎热一点
立"秋"的右边带着"火"字
这个时节天气不可能立刻转凉
看到立"冬"下面的两点水
有没有感觉气温下降
外衣要多穿一件

一个冬季的开始
总要和别的时节不同一点点

知识点链接

立冬前后，中国江南地区需抢种晚茬冬麦以及赶紧移栽油菜。在闽南地区，"补冬"也是独特的风俗之一，人们会提前在家里养些鸡、鸭、鹅、兔等，每逢"补冬"时节到来，人们都精心准备，做上许多好吃的，与家人、朋友大补一番，以强身健体、滋补养生。

小雪

"小雪"
一脸的疑惑
喜欢我的
并且和我同名的都是
女孩儿
可我飘落下来的时候
靠近我的都是一些男孩儿
他们又蹦又跳来欢迎我
把我捧在手中
甚至
含在嘴里

"小雪"还没有想明白
就化成水
难道
这是你的泪吗

　　小雪节气后气温急剧下降，天气变得干燥。在我国南方地区，小雪前后还有吃粑、腌寒菜的风俗。除此之外，还要把糯米炒熟储存起来，以供寒冬时泡开水吃，当地民谚称："炒糯米日'炒米'，蓄以过冬。"小雪日开始酿酒，称之为小雪酒。

大雪

说小雪是我妹妹

这点我承认

说这个时节天气更冷

这点我承认

说这个时节降雪的可能性比小雪多

这点我承认

说这个时节雪下得大、范围也广

这点我也承认

可漫天的大雪
并不代表是我这个时节的"大雪"
也许是小寒、大寒时节下的大雪
也许是小雪时节就下的雪
总之
爱较真的我
和你们说清楚了
此"大雪"非彼"大雪"

知识点链接

大雪以后，江南地区进入隆冬时节，各地气温显著下降，常出现冰冻现象。"大雪冬至后，篮装水不漏"就是这个时间的真实写照。不过这也不是绝对的。也有的年份，这一时节气温较高，无冻结现象，往往造成后期雨水多。

44

冬至

冬至这一天
吃了汤圆之后
爷爷就叹一口气说
小栩栩又多了一岁
他又减少了一岁

这不挺好的吗
这样
我可以快快长大
他可以不用变老
为什么叹气呢

小寒

小寒的"寒"字
无论你怎么变
你还是冬天的"冬"字伪装出来的

你以为这个时节天气冷
把帽子戴在头上
再给自己身上扎上三圈腰带
我们就不认识你了
瞧你那两条粗壮的大腿
依旧"大"字形地伸在外边
尤其是大腿边上的两颗标志性的痣
早就露了馅儿

知识点链接

小寒处在三九前后，俗话说"冷在三九"，其严寒程度也就可想而知了，江南一带有"小寒大寒，冷成冰团"的说法。这时的江南地区平均气温一般在5℃上下，虽然田野里仍是充满生机，但不时有冷空气南下，造成一定危害。

大寒

爷爷奶奶听说你要到来

浑身打哆嗦

可我们一点儿都不怕

都说我们小孩儿屁股有三斗火

真想约几个朋友

坐上半天

看能不能把你焐热

再说

春天和你也只有半个寒假的

距离

知识点链接

大寒节气是一年中雨水最少的时段，各地农活依旧很少。南方地区，人们会在此时加强小麦及其他作物的田间管理。这时节，人们开始忙着除旧饰新，腌制年肴，准备年货，因为中国人最重要的节日——春节就要到了。

　　林乃聪，浙江省苍南县灵溪镇人，著名儿童诗诗人，中国作家协会会员，现供职于地方教育部门。至今已在《诗刊》《青年作家》《儿童诗》等50多家报刊发表童诗、诗教论文300多首（篇），作品多次入选全国年度最佳儿童文学和小学生课外读本，出版儿童诗集《假如你是孩子》《孩子的天空》《天空中的童话》《童话是我的女儿》《撒播在孩子心田上的歌》《小猪打点滴》《小鸟的期末考》《天空下鱼》《菜园子里的赛诗会》《种文字》等。